中国营养学会 中国学生营养与健康促进会 联合推荐

中小学版 劳动实践 烹饪与营养

姚 魁 ⊙ 主编

中国轻工业出版社

图书在版编目（CIP）数据

劳动实践：烹饪与营养 / 姚魁主编. —北京：中国
轻工业出版社，2022.10
ISBN 978-7-5184-3991-1

I. ①劳… II. ①姚… III. ①烹饪—青少年读物
IV. ① TS972.1-49

中国版本图书馆 CIP 数据核字（2022）第 079058 号

责任编辑：王晓琛　杨　迪　　责任终审：高惠京
整体设计：锋尚设计　　　　　责任校对：晋　洁　责任监印：张　可

出版发行：中国轻工业出版社（北京东长安街6号，邮编：100740）
印　　刷：北京博海升彩色印刷有限公司
经　　销：各地新华书店
版　　次：2022年10月第1版第3次印刷
开　　本：889×1194　1/16　印张：6.5
字　　数：150千字
书　　号：ISBN 978-7-5184-3991-1　定价：39.80元
邮购电话：010-65241695
发行电话：010-85119835　传真：85113293
网　　址：http://www.chlip.com.cn
Email：club@chlip.com.cn
如发现图书残缺请与我社邮购联系调换
221432S1C103ZBW

编委会

推荐序

食物各种各样，和我们的生命相伴相随。认识食物、学习烹饪是知识技能，也是生活技能。食物有色、香、味，通过眼观手触可以容易地了解，而营养是感觉不到的，一天又一天，好好学习科学吃饭，才能看到它的样子。长久保持营养是儿童长高长壮又聪明的基础，也是健康家族的未来。

健康是人生的第一财富，而食物营养作为实现国民健康的重要基础，受到党和国家的高度重视，对人民营养状况的关心也被融入健康中国战略。

2022年4月教育部印发《义务教育课程方案（2022年版）》，将劳动从综合实践活动课程中独立出来，并把烹饪和营养摆到突出位置。在公布的《义务教育劳动课程标准（2022年版）》中，烹饪与营养是"四个任务群"之一，贯穿1~9年级，这不只需要教育部门的倡导，需要学校的推动，更加需要家长的支持，并把家庭厨房作为最好的实践基地。

《劳动实践：烹饪与营养》一书，响应国家号召，结合中国营养学会新发布的《中国居民膳食指南（2022）》核心信息，帮助中小学生更好地参与食物的选择和制作，完成烹饪劳动实践，从这个过程中认知食物的美好，学习食物搭配，享受烹饪劳动的快乐，形成均衡膳食、合理营养的理念，并贯穿于日常生活中，从而提高中小学生的营养素养，为其一生的健康打下坚实的基础。

中国营养学会理事长
国际营养科学联合会院士　　　　　　杨月欣
中国疾控中心营养与健康所研究员

目 录

烹饪与营养基础知识篇

烹饪实践任务篇

安全提示 在厨房中用火、用电、用刀存在安全隐患，初次下厨的学生一定要在家长的监护下进行烹饪实践，以防发生危险。

烹饪与营养
基础知识篇

常见厨房用具与使用安全

平底锅

底部是平的，与火焰的接触面积大，受热面积更宽广、更均匀，适合煎鸡蛋等食物。

安全提示 使用时不要碰到锅身，小心被烫到。锅柄一般由隔热材质制成，可以触碰。

蒸锅

锅底很深，有蒸笼，把食物放在蒸笼上，锅中水烧开后产生的蒸汽可以将食物加热和蒸熟。我们需要加热包子、馒头或花卷时，可以选用蒸锅。蒸锅有不同的层数。

安全提示 揭开锅盖时，不要正对着锅口，此时的蒸汽温度非常高，容易烫伤皮肤；刚蒸好的食物很烫，请戴好隔热手套后再取出。

炖锅

主要用来制作汤羹类菜式。我们还可以利用炖锅熬粥、炖汤等。

安全提示 使用时不要放太多食材或汤水，以免锅身太重。

电饭煲

也叫电饭锅，最主要的功能是煮饭，还具备熬粥、煲汤、加热等辅助功能。

安全提示 使用过程中注意用电安全。锅里没有食物或其他需要加热的物品时，不要空烧，不然锅底会烤焦。

微波炉

能够快速烹饪食物。

安全提示 不能将金属餐具、锡纸、纸质物品、牛奶盒、塑料容器放入微波炉，否则容易引起着火或爆炸；鸡蛋、葡萄、圣女果等有壳或皮的食物也不能放入微波炉；不能让微波炉空转，否则会出现意外。

砂锅

一般用来煲汤、煮菜。

安全提示 要时刻注意砂锅中的水量，不能干烧，否则锅很容易裂开、烧黑或烧煳。骤冷、骤热都会导致砂锅开裂，因此在砂锅很烫时不能向里面加冷水，也不能在刚开始时立即用大火。

奶锅

奶锅的主要作用是加热牛奶，除此之外，还可以很方便地加热少量食材。

安全提示 使用时因锅小易溢锅，应注意掌控火候。

锅铲

有木头、不锈钢、硅胶等材质，带有涂层的锅最好选用木质锅铲或耐高温的硅胶锅铲，这种锅铲不会划伤锅内较薄弱的涂层。

安全提示 使用不锈钢锅铲时，用手握住隔热手柄，不要触碰不锈钢部分，否则容易被烫伤。

漏铲

大多为不锈钢材质，铲子头带有一条一条镂空的槽，这样在翻炒或者煎炸的时候可以捞起食材并沥掉多余的油。捞水煮的食物时，也可以漏掉多余的水。

漏勺

　　可以滤去多余的汤汁和油，将食物完整捞出。

汤勺

　　与汤匙不同，这是用来盛汤的勺子。汤匙是小的，用来喝汤。

汤匙

　　汤匙就是喝汤时用的小勺子，可以用来度量调料的用量。一般来说，1 汤匙固体调料约为 15 克，1 汤匙液体调料约为 15 毫升。

茶匙

　　茶匙是调饮料用的小勺子，比汤匙小，可以用来度量调料的用量。一般来说，1 茶匙固体调料约为 5 克，1 茶匙液体调料约为 5 毫升。

砧板

　　切食物必备的工具之一，有塑料、木头等材质。把洗干净的食物放在砧板上，用刀切成需要的形状即可。

（安全提示）砧板的划痕容易藏匿细菌，每次使用完毕后都要认真清洗干净，最好一年左右更换一次砧板。生肉中有一些致病细菌，可通过砧板和菜刀等传染到熟食物中，从而引起食物中毒，因此切生、熟食物的砧板要分开。

刀具套装

刀具套装中一般有切片刀、斩骨刀、料理刀、水果刀和磨刀棒。切生、熟食物的刀具要分开。

安全提示 用刀时，一定要在家长监护下进行，以防受伤。

多功能切菜器

可以用来切片、切丝和磨蒜蓉，如果你不会使用刀的话，可以用它来帮忙。

安全提示 使用时放慢速度，以防将手擦伤。

削皮器

可以给苹果、梨、土豆、胡萝卜等蔬果削皮，非常方便。

安全提示 削皮器的刀刃非常锋利，使用时注意不要削到手。

蒜泥压榨器

把剥好的新鲜蒜瓣放进去，只要轻轻一压就能变成细腻的蒜泥。

安全提示 使用时注意不要挤到手指。

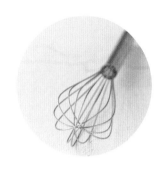

手动打蛋器

可以更快、更均匀地把完整的鸡蛋打成蛋液。搅拌头的钢丝数量越多，搅拌的效率越高。

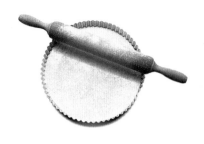

擀面杖

有不同长度，可以将面团擀成面皮，是制作饺子皮等必不可少的工具。

安全提示 使用过程中不要与硬物进行碰撞，防止开裂变形。

不锈钢盆

可用于和面、打蛋、盛放食材或搅拌食材。

滤网

将滤网架在碗等容器上，把液体（例如鲜榨果汁、鸡蛋液等）或粉类（例如面粉）倒入滤网，便能得到细腻的液体或粉类。

隔热手套

从蒸锅或烤箱取刚做好的食物时，戴上隔热手套可以防止高温烫伤。

掌握火候

微火

适合需要长时间炖煮的食材，以达到入口即化、熟而不柴的口感。

小火

特别适合于煲汤，小火能使更多汤中肉类食材的蛋白质溶解，令汤既美味又营养。

中火

在油炸时一般用中火，既不煳锅，又能令食物产生酥脆的口感。

大火

炒菜和蒸煮时用大火，才能让食材的口感达到最佳。

食品安全与卫生

做饭之前首先要将手洗干净，不然会将手上的细菌带入到饭菜中；其次，要将食物和烹饪工具清洗干净。做饭后，要将厨具刷洗干净并擦干，存放在通风处。

以下每个步骤至少揉搓五次。

第一步：

洗手掌。打开水龙头，用流水湿润双手，在手上涂抹洗手液或肥皂，掌心相对，手指并拢，相互搓洗。

第二步：

洗手背指缝。一只手的手指放入另一只手后背的指缝相互搓洗，然后再交换搓洗。

第三步：

洗掌心指缝。手指交叉，掌心相对，沿指缝相互搓洗。

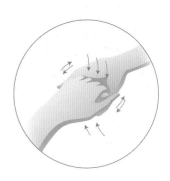

第四步：

洗指背。四指并拢弯曲放入另一只手的掌心搓洗，然后交换搓洗。

第五步：

洗拇指。一只手握住另一只手大拇指旋转搓洗，双手交换进行。

第六步：

洗指尖。弯曲各手指关节，把指尖合拢，在另一手掌心旋转搓洗，双手交换进行。

第七步：

洗手腕。一只手握住另一只手的手腕进行搓洗，双手交换进行。

做菜前要清洗食材，很多错误的清洗方式会让食物越洗越"脏"，让我们一起学会正确有效的清洗方法吧!

包叶类蔬菜

如圆白菜、球形生菜、娃娃菜等。

这类蔬菜都是叶片层层叠叠包在一起的，在清洗时需要格外注意，尽量将叶片一片片剥下来逐一清洗。清洗之前，还应经过充分的浸泡。有一些包叶类蔬菜，例如圆白菜，最外层的叶脉会比较粗大，建议切掉不用，否则做出的菜口感不好。

具体步骤

❶ 初步冲洗蔬菜整体。将外层品相不佳的枯老叶片择去。

❷ 一层层剥下叶片，并用冷水洗去根部的泥沙。

❸ 用淡盐水泡 10 分钟。然后用流水冲洗干净即可。

注 在容器中盛水（约一瓶 500 毫升矿泉水的量），加一小勺食盐，搅拌均匀，便是淡盐水。

绿叶菜

如菠菜、莜麦菜、茼蒿、水芹菜等。

这类菜在收割时，经常会在根部附着泥土和农药残留，所以在清洗时需先将根部切去。特别要注意的是，绿叶蔬菜不能切碎再洗。切碎后的蔬菜与水的接触面积增大，蔬菜中的水溶性维生素和部分矿物质会溶解在水中，导致营养流失。

具体步骤

1 用刀将根部切去。用流水冲洗叶片上的泥沙和杂质。择掉有虫洞的叶片和老叶。

2 在淡盐水中将叶片浸泡 10 分钟。

3 在流水下再次冲洗干净即可。

颗粒型蔬果

如葡萄、圣女果、樱桃萝卜等。

这类蔬果经常是生着吃的，为了健康着想，直接入口的食材更应该一颗颗认真清洗。面粉可以吸附蔬果表面的脏污和油脂。要注意清洗过程中尽量不要弄破表皮，防止污染物在浸泡过程中渗入果肉中，造成二次污染。

具体步骤

❶ 用剪刀将葡萄一颗颗剪下。用清水冲洗掉表面的浮灰。

❷ 盆中放2汤匙面粉，加清水拌匀，放入葡萄先浸泡2分钟，再用双手轻轻搓洗。

❸ 表面搓干净后，再用流动的清水冲洗干净即可。

带皮类

如南瓜、萝卜、冬瓜等。

带皮类蔬菜通过去皮的方式就可以快速处理干净。如果有些蔬菜想要连皮食用，如小土豆、莲藕、山药等，可以用钢丝球在流动的水中边擦洗边冲水，这样就可以很快冲洗干净了。

具体步骤

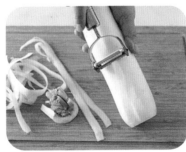

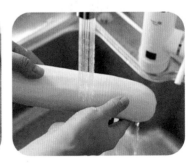

❶ 初步整体冲洗一遍，洗去表面的大量杂质。切去顶部的蒂。

❷ 用削皮器削去四周的表皮。

❸ 在流动的水下将去皮后的蔬菜快速冲洗干净即可。

如西蓝花、有机菜花等。

菜花看似很干净，其实细小的孔隙是小虫和灰尘的最佳藏身之所。将菜花按照本身的组织结构，用刀一小朵一小朵地切开，能有效地将菜花清洗干净。

具体步骤

① 用流水冲洗西蓝花表面，洗去附着在表面的杂质和尘土。

② 取一支干净的软毛牙刷，刷洗西蓝花的表面和菜梗。

③ 用小刀顺着脉络将西蓝花切分成小朵。

④ 把小朵西蓝花放入淡盐水中，浸泡10分钟。

⑤ 用流动的清水冲洗干净即可。

菌菇类

如口蘑、香菇、蟹味菇、金针菇等。

蘑菇的表面会分泌一层黏液，泥沙粘在上面不容易洗净。通过简单的浸泡可以使杂质在水中与蘑菇分离并沉淀到盆底。去除大的杂质后，再有针对性地擦洗蘑菇表面上的细小杂质就变得非常简单了。新鲜的蘑菇含水量大，在清洗时不要用力过度，否则蘑菇会碎裂。

具体步骤

❶ 先将蘑菇底部带有沙土的老根去掉。

❷ 将蘑菇放入淡盐水中，顺时针搅动蘑菇使泥沙分离。

❸ 用流动的清水快速冲洗一下即可。

谷物类

如大米、绿豆、黄豆、薏米等。

谷物在收获、加工、运输等过程中，不可避免地会产生大量的混合粉尘。谷物的壳、皮、沙土等杂质都可能会附着在谷物的表面。如果煮饭或煲粥，通过浸泡和搓洗就可以轻松洗去这些杂质，需要干燥的谷物如炒制花生、磨绿豆粉等，就可以采用纱布擦洗的办法。

具体步骤

1 将所需的豆子倒入盘中，挑出品质不佳的豆子。

2 取一块干净的纱布，用水打湿后拧到没有水滴下。纱布摸上去有些潮湿即可。

3 用纱布包住豆子，来回揉搓。重复几次直至纱布上没有粉尘即可。

仁果类水果

如苹果、梨、山楂等。

采摘后商家会给这类水果打蜡进行保鲜。蜡会在水果表面形成一层保护膜，不仅可以保护水果的外皮、提高光泽度，还可以防止水分蒸发，保留水果的果香。另外，打蜡也可以起到防腐防虫的效果。

具体步骤

1 买回的水果可放在阴凉处或冰箱中保存，食用前用适量温水浸泡10分钟左右。

2 待表面的蜡质融化变软，可以用干净的布或洗碗海绵轻轻擦洗果皮。

3 当表面摸起来有自然的凹凸感，没有滑溜溜的感觉时，再用流水冲洗一下即可。

浆果类水果

如草莓、蓝莓、树莓等。

这类水果在采摘后会很快变软，为了保持新鲜，商家会使用一些保鲜剂。在食用这些浆果前，先用清水浸泡10分钟左右，然后用清水冲洗并轻轻揉搓浆果的表面，即可除去大部分的保鲜剂。

具体步骤

① 浆果类水果通常都装在小盒中，可先将水果倒在一个较大的玻璃容器中，挑出腐烂变质的坏果。

② 加入足量清水，将浆果浸泡10分钟左右，使表面的泥土和杂质沉淀。

③ 在流动的清水下轻轻揉搓浆果表面。

④ 用厨房纸巾吸干浆果表面的水即可。

柑橘类水果

如橙子、橘子、芦柑等。

柑橘类水果经常使用涂蜡保鲜剂，这样可以隔绝氧气、微生物，具有增加光泽、减轻水分蒸发等作用。保鲜剂一般都无法穿透柑橘类水果的表皮，因此食用柑橘类水果时无须担心，用水清洗后剥去水果的外皮即可。

具体步骤

❶ 将柑橘类水果放入盆中，使水果可以完全浸泡在清水里。

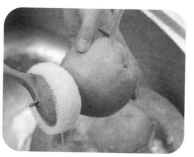

❷ 用干净的海绵轻轻揉搓水果表面，并用流动的水冲洗。

❸ 冲洗干净的水果可用厨房纸巾或干净的布擦干。

❹ 用干净的水果刀将水果切开，剥去外皮即可放心食用。

瓜类水果

如西瓜、哈密瓜、木瓜、香瓜等。

瓜类水果的表面一般会自带一层保护层，可以保护其不受微生物的侵害。清洗后会破坏这种保护层，令细菌更容易进入瓜果内部，从而导致瓜果变质无法食用。所以这类水果在贮存时往往不需要清洗，直接放在阴凉处或冰箱中保存即可。

如果外皮上残留的泥土和杂质较多，可以先用清水冲洗，再用柔软的布轻轻擦洗干净，待水完全沥干后再放入冰箱。下次食用前记得取出后再次用清水清洗外皮。

具体步骤

❶ 将瓜类水果放入足够大的盆中，用柔软的布蘸清水轻轻擦洗干净外皮，直至完全看不到泥土和杂质。

❷ 擦干水果外皮上的水，用刀对半切开，然后再切成适宜入口的大小。

❸ 如果一次性吃不完，可以用保鲜膜在切面上封好，然后放入冰箱冷藏保存，保存时间不宜过长。

食品安全五大要点

保持清洁

拿食品前要洗手，准备食品期间经常还要洗手；便后洗手；清洗和消毒用于准备食品的所有场所和设备；避免虫、鼠及其他动物进入厨房和接近食物。

生、熟分开

生的肉、禽和海产食品要与其他食物分开；处理生的食物要有专用的设备和用具，例如刀具和切肉板；使用器皿储存食物以避免生、熟食物互相接触。

做熟

食物要彻底做熟，尤其是肉、禽、蛋和海产食品；汤、煲等食物要煮开以确保达到70℃，肉类和禽类的汁水要变清，而不能是淡红色的，最好使用温度计；熟食再次加热要彻底。

保持食物的安全温度

熟食在室温下不得存放2小时以上；所有熟食和易腐烂的食物应及时冷藏（最好在5℃以下）；即使在冰箱中也不能过久储存食物；冷冻食物不要在室温下化冻。

使用安全的水和原材料

使用安全的水或进行处理以确保安全；挑选新鲜和有益健康的食物；选择经过安全加工的食品，例如经过低热消毒的牛奶；水果和蔬菜要洗干净，尤其要生食时；不吃超过保鲜期的食物。

（文字来源：世界卫生组织官网）

握刀姿势与切刀法

基本原则是：稳、准、有力。右手握刀，一般有以下两种姿势：

① 用五指紧握住刀柄。

② 大拇指在菜刀左侧，食指压住刀背，其余三指合力握紧刀柄。

另一只手扶住要切的食材，手指微曲，关节保持比指尖突出，刀背轻贴手指关节，刀起刀落，扶住食材的手随着切菜的进行慢慢后移，刚开始时动作要慢，小心切到手，切忌将指尖伸出去。

切刀法

不论任何形状，都要尽量做到粗细和厚薄一致，这是为了能让食材在烹制的过程中受热均匀。

切蔬果

切片

松软的食材要切得厚一些，而脆硬的食材则切得薄一些。

切条

条状是在切片的基础上进行改刀，即先切片，再切条。

切丁

在切条的基础上进行改刀，先切厚片，后切条，再切成丁。

切段

长条状的食材需要尽量切成长短一致、同样厚度的小段，一般约3厘米。

切丝

有细丝和粗丝之分。材质硬的原料就切得细一些，材质软的原料则切得粗一些。

切粒

在切丝的基础上切成粒。

切鱼

切肉

鱼肉嫩滑，只需要顺着纹路切就可以轻松烹制。

❶ 猪肉有少部分筋，需要斜着纹路切，口感才不会柴。

❷ 牛羊肉需要顶着纹路切，才能适于烹调。

❸ 鸡肉嫩，几乎无筋，只要顺着纹路切就很好加工。

常见食材的处理

西红柿去皮

① 西红柿洗净去蒂，在顶端划十字。

② 将整个西红柿放入沸水中烫20秒左右后取出。

③ 西红柿皮会沿着十字花刀卷起，很容易就能撕掉。

④ 圣女果同理，但是需要减少汆烫的时间，皮卷起来就可以捞出了。

注 捞出的西红柿稍微冷却后再撕掉外皮，防止烫手。

怎样完整地取出嫩豆腐

盒装的内酯豆腐细嫩易碎，用这个办法可以整块取出：

先用剪刀分别在四个角上剪小口，再翻到正面，撕开包装，倒扣于盘中即可。

焯烫叶菜

"焯"是指把蔬菜放到烧开的水中稍微煮一下就捞出来，具体做法如下：

① 将蔬菜叶子从根部掰开，用清水冲洗干净。

② 将蔬菜切成两段。

③ 锅中加入清水煮开，滴入几滴油，加入少许盐，能让蔬菜保持碧绿的颜色。

④ 将蔬菜放入水中，烫至颜色变成深绿色。

⑤ 捞出后迅速浸入凉开水中，也能让蔬菜保持碧绿的颜色。等待冷却即可。

葱的处理方法

葱花

葱花是小葱最常见的出场方式了。葱花的切法见右侧：

① 小葱洗净，切去尾部。

② 将小葱排列整齐，切两三大段。

③ 将切好的大段堆叠起来，切成3毫米左右的葱末即可。

注 葱花的长短没有明确的规定，但是出现在同一盘菜里的葱花长短尽量保持一致，才会更美观哦！

葱结

葱结较多地用在炖肉上，后续一般要拿出来扔掉。葱结的打法见右侧：

① 小葱洗净，切去尾部。

② 取两三根小葱并拢。

③ 轻轻盘旋，系个活扣。

葱丝

葱丝一般用在蒸菜上，提升蒸菜的美观度少不了它。葱丝的切法见右侧：

① 小葱洗净，切去尾部。

② 将小葱切成3~5厘米长的段。

③ 将葱段堆叠，横向切开"葱管"。

姜的两种切法

姜片

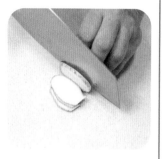

❶ 用手掰下一块姜，洗净泥沙。

❷ 平放姜块，切出3毫米左右均匀的薄片。

姜丝

将切好的姜片整齐地叠好，用手指按住姜片，横切成丝。

蒜的切法

烹调中用蒜可增加食物的风味，促进食欲，做菜时常会用到蒜片或蒜末。

蒜片

❶剥去大蒜的表皮。

❷ 将大蒜平放，切成3毫米左右的薄片即可。

蒜末

❶ 大蒜放在砧板上，用菜刀大力拍破拍扁。

❷ 剥去大蒜表皮。

❸ 将蒜剁碎即可。

芒果的处理方法

1 芒果洗净，立在砧板上。

2 从顶端下刀，贴近果核，将芒果切成两半。

3 准备一个圆形水杯，取一半的果肉，将一端卡在杯口，果皮在外，果肉在内。

4 用手紧紧把住果皮，向杯子内推动芒果，即可利用水杯杯口将果肉和果皮完全分离。

5 另外一半芒果仅需要将芒果核按照步骤2的方法切掉，即可进行一样的操作。

6 如果需要切成芒果花或者芒果块，直接在对半切开、未去皮的芒果肉上进行操作即可。

切西瓜块

❶ 西瓜洗净，对半切开。

❷ 将西瓜继续切成橘子瓣状。

❸ 用水果刀垂直下刀，间隔2厘米，一直切到瓜皮处。

❹ 从一端入刀，沿着瓜皮和瓜瓤交界处切割，即可获得完整的西瓜块。

牛油果的处理方法

❶ 牛油果洗净外皮，小头朝上，从顶端下刀。

❷ 沿着果核环切一周。

❸ 双手往相反方向拧，即可将牛油果分成两半。

④ 用勺子挖出果肉。

⑤ 另外一半牛油果只需用茶匙挖出果核，即可进行后续操作。

⑥ 如果想获得牛油果片或牛油果块，只需对半拧开后用水果刀直接在果皮内切割即可。

注 牛油果的果皮和果肉的质感差别极大，很容易掌握切割力度。

草莓的处理方法

① 草莓农药残留较严重，一定要用蔬果专用清洗剂浸泡一会儿，并用流动的清水冲洗干净。

② 取一个牛奶吸管，从草莓尖插入，穿透草莓，即可取出草莓的硬心和草莓蒂。

常用调味料

油　家常食用油一般指的是植物油，常见的有花生油、菜籽油、玉米油、葵花籽油等，其中前两种味道较重，后两种口味清淡。拌沙拉时，常会用到橄榄油。

盐　盐一般在出锅前添加，但需注意用量。如果做菜时已经用到了酱油，这时就要避免用盐或者尽量少用盐，以免过咸。

糖　糖是甜味的主要来源，不仅制作"糖醋"类菜肴少不了它，红烧系列的菜品也离不开糖。此外，炒菜时添加少量的糖可以起到提鲜的作用。

酱油　酱油是一种大豆发酵的产物，既有咸味，还能提鲜。市面上的酱油种类五花八门，大体可分为生抽、老抽两种，其中生抽主要用来提鲜，老抽主要用来上色。

醋　醋是粮食发酵产生的一种调味品，有去腥解腻的作用。醋既可以用来烹饪，比如做醋熘白菜，也可以用来佐餐，比如蘸饺子、蘸螃蟹等。

料酒　　肉类食材下锅前，先用料酒腌制，可以起到去腥入味的作用。食材入锅烹饪时，可沿着锅边淋入料酒，能够激发出食材的香味。

蚝油　　蚝油是一种提升鲜味的调料，可以用来炒菜、拌馅、烧鱼等，用处非常广泛。

香油　　香油又称芝麻油，是从芝麻中榨取出的油脂，有着浓郁的芝麻香气，小小几滴就喷香扑鼻。

提鲜调料　　提鲜调料主要有鸡精、鸡粉和味精等，能让菜肴的味道变得更加鲜美。鸡精是颗粒状的，鸡粉是粉状的。对提鲜调料长时间高温加热会产生有毒物质，因此在临出锅时再加即可，且用量不宜过多，稍加一点便有提鲜功效。

淀粉　　将它与水混合制成水淀粉，用于菜品勾芡，可使汤汁浓稠；炸制食物时作为沾粉可增加食物的脆感；还可以在上浆时使用，保持食物嫩滑。

食物营养与健康

谷薯类

大米

　　大米被誉为"五谷之首"，是我国大部分地区的餐桌主食，也是我国主要的粮食作物之一，是供应人体营养的基础食物之一。

小米

　　我国小米种植历史悠久，小米中含有维生素 B_1、维生素 B_2、膳食纤维、矿物质等多种对人体有益的成分。

燕麦

　　燕麦中富含矿物质和膳食纤维，适量摄入有助于健康。

小麦

　　小麦是人类最早种植的农作物之一，是我国北方人民的主食。小麦中所含有的 B 族维生素和矿物质对人体健康十分有益。

土豆

土豆又叫马铃薯，新鲜的土豆蛋白质和脂肪含量较低，含有一定量的维生素和矿物质，并富含多种植物化学物。土豆可作为主食的一部分经常食用。

五色蔬果

吃蔬果应遵循"彩虹效应"原则，每天吃的蔬果多种颜色搭配，如同彩虹一样，这样营养才均衡。而且颜色越深，营养价值越高。

绿色蔬果

绿色蔬果中的代表性植物化学物质是叶绿素。对于植物来说，叶绿素的重要程度就好比血液对于人体。深绿色的蔬菜（尤其是叶菜）是维生素、矿物质和膳食纤维的重要来源，每一顿都要吃。

代表蔬果：菠菜、黄瓜、圆白菜、丝瓜。

黄色蔬果

黄色蔬果中的代表性植物化学物质是胡萝卜素。胡萝卜素能使蔬果拥有饱满的黄色、橘色和红色。

代表蔬果：南瓜、黄彩椒、杏、胡萝卜。

红色蔬果

红色蔬果中的代表性植物化学物质是番茄红素，能增强人体免疫细胞的活力，从而提高免疫力。红色能提高食欲。

代表蔬果：西红柿、西瓜、草莓、红彩椒。

黑紫色蔬果

黑紫色蔬果中的代表性植物化学物质是原花青素，黑紫色蔬菜带给人深沉、质朴强壮的感觉。

代表蔬果：香菇、紫洋葱、黑加仑、桑葚。

白色蔬果

白色蔬菜，比如大蒜中的代表性植物化学物质是大蒜素，而大蒜素最主要的特点就是抗菌消炎。大蒜素对人体的消化系统、心脑血管、人体免疫机能等都有一定的作用。特别是冬季，可适量多吃白色蔬菜。

代表蔬果：山药、白萝卜、冬瓜、茭白。

鱼禽畜和蛋类

鱼

无论淡水鱼还是深海鱼，都是优质动物蛋白和 ω-3 多不饱和脂肪酸的重要来源。

虾

虾中含有丰富的蛋白质，为了让儿童更聪明，建议一周吃鱼虾两次以上。

鸡肉

鸡肉是高蛋白低脂肪的肉类，还有多种微量元素。

牛肉

　　牛肉富含蛋白质、B 族维生素、钙、磷、铁等营养成分。

猪肉

　　猪肉含有丰富的钙、铁、锌、B 族维生素等营养成分，但脂肪含量一般较高，尤其是肥肉摄入不宜过多。

鸡蛋

　　鸡蛋含有人体所需的大部分营养物质，每天一个鸡蛋对于促进儿童生长发育是个不错的选择。

奶类、豆制品和坚果类

牛奶

　　牛奶营养丰富，所含的钙质易被人体吸收，能有效促进骨骼成长。

豆腐

　　豆腐能将调味料或味道吸收进去，形成一道道美味的料理。富含蛋白质，能为身体补充钙质。

坚果

　　坚果含有丰富的不饱和脂肪酸、矿物质和维生素，每周吃适量的坚果有利于心脏健康。坚果吃起来又香又脆，但要控制摄入量。

中国学龄儿童平衡膳食宝塔

学龄儿童膳食宝塔是根据《中国学龄儿童膳食指南（2022）》的内容，结合中国儿童膳食的实际情况，把平衡膳食的原则转化为各类食物的数量和所占比例的图形化表示。

学龄儿童膳食宝塔形象化的组合，遵循了平衡膳食的原则，体现了在营养上比较理想的基本食物构成。宝塔共分为5层，各层面积大小不同，体现了5类食物和食物量的多少。

5类食物包括谷薯类、蔬菜水果、畜禽鱼蛋类、奶类、大豆和坚果类以及烹调用油盐。

6~10岁学龄儿童平衡膳食宝塔

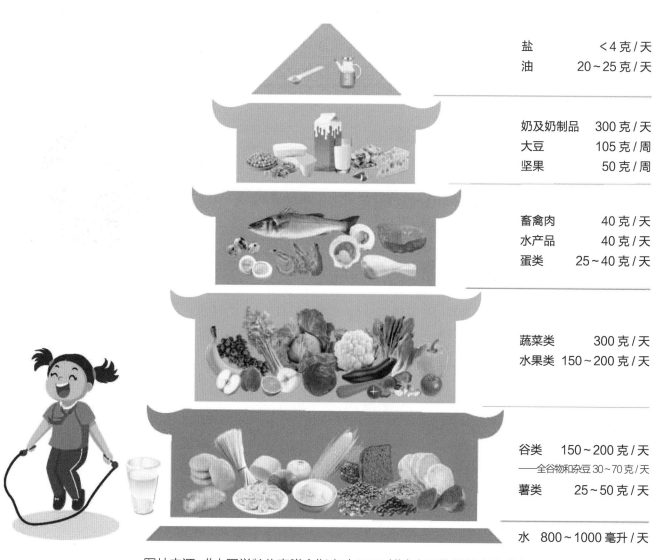

盐	<4克/天
油	20~25克/天
奶及奶制品	300克/天
大豆	105克/周
坚果	50克/周
畜禽肉	40克/天
水产品	40克/天
蛋类	25~40克/天
蔬菜类	300克/天
水果类	150~200克/天
谷类	150~200克/天
——全谷物和杂豆	30~70克/天
薯类	25~50克/天
水	800~1000毫升/天

图片来源：《中国学龄儿童膳食指南（2022）》（中国营养学会编著）

食物量是根据不同能量需求量水平设计。按照不同年龄阶段学龄儿童的能量需求，制定了6～10岁学龄儿童平衡膳食宝塔、11～13岁学龄儿童平衡膳食宝塔和14～17岁学龄儿童平衡膳食宝塔。

宝塔旁边的文字注释，表明了不同年龄阶段儿童在不同能量需要水平时，一段时间内每人每天各类食物摄入量的建议值范围。

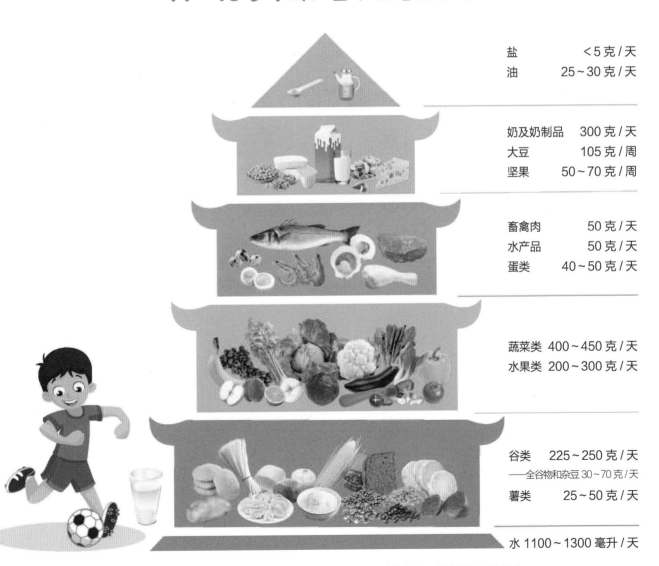

11～13岁学龄儿童平衡膳食宝塔

盐	＜5克/天
油	25～30克/天
奶及奶制品	300克/天
大豆	105克/周
坚果	50～70克/周
畜禽肉	50克/天
水产品	50克/天
蛋类	40～50克/天
蔬菜类	400～450克/天
水果类	200～300克/天
谷类	225～250克/天
——全谷物和杂豆	30～70克/天
薯类	25～50克/天
水	1100～1300毫升/天

图片来源：《中国学龄儿童膳食指南（2022）》（中国营养学会编著）

14～17岁学龄儿童平衡膳食宝塔

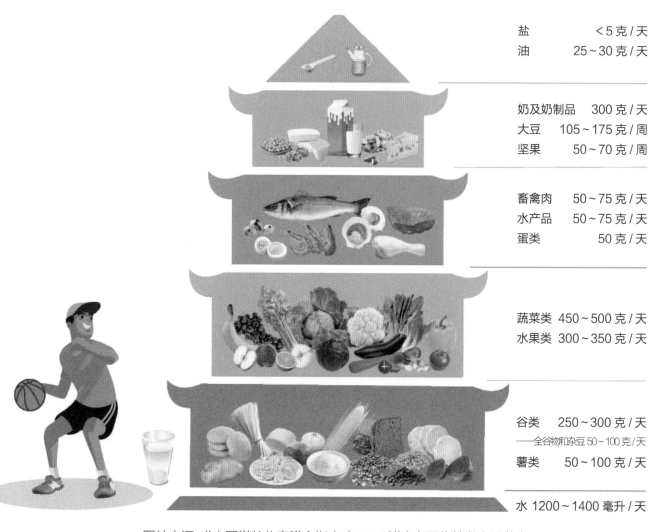

盐 　　　　 ＜5克/天
油 　　　　 25～30克/天

奶及奶制品 　300克/天
大豆 　　　 105～175克/周
坚果 　　　 50～70克/周

畜禽肉 　　 50～75克/天
水产品 　　 50～75克/天
蛋类 　　　 50克/天

蔬菜类 　450～500克/天
水果类 　300～350克/天

谷类 　　　 250～300克/天
——全谷物和杂豆50～100克/天
薯类 　　　 50～100克/天

水 1200～1400毫升/天

图片来源:《中国学龄儿童膳食指南（2022）》(中国营养学会编著)

中国居民平衡膳食餐盘

中国居民平衡膳食餐盘（Food Guide Plate）是按照平衡膳食原则，描述了一个人一餐中膳食的食物组成和大致比例。餐盘更加直观，一餐膳食的食物组合搭配轮廓清晰明了。

餐盘分成4部分，分别是谷薯类、鱼肉蛋豆类、蔬菜类和水果类，餐盘旁的一杯牛奶提示其重要性。此餐盘适用于2岁以上人群，是一餐中食物基本构成的描述。

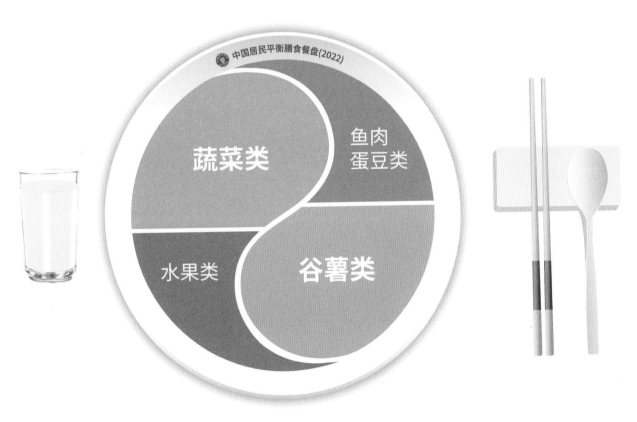

图片来源：《中国居民膳食指南（2022）》（中国营养学会编著）

平衡膳食算盘是面向儿童应用膳食指南时，根据平衡膳食原则转化各类食物分量的图形。平衡膳食算盘简单勾画了膳食结构图，给儿童一个大致膳食模式的认识。跑步的儿童身挎水壶，表达了鼓励喝水、不忘天天运动、积极活跃的生活和学习方式。

算盘中的食物分量按 8~11 岁儿童能量需要量的平均值大致估算。

图片来源:《中国居民膳食指南（2022）》（中国营养学会编著）

烹饪实践
任务篇

凉拌任务（一、二年级适用）

凉菜具有油脂少、天然营养多、盐分少等特点。不管选择什么食材做凉菜，最重要的就是新鲜，如果能根据季节变化选择当季的蔬菜、水果则最佳。冬季可以选择一些富含蛋白质的食材，制作以肉食为主的凉菜，夏季里，"糖拌西红柿""凉拌黄瓜"等消暑凉菜则是家庭餐桌的常客。

凉拌菜制作的注意事项

制作凉拌菜尤其要注意健康卫生。制作凉菜时，要注意厨具专用，分类使用厨具，能够保证凉菜的卫生。凉菜的制作一定要保证卫生，用沸水消毒是比较好的方法。

分类案板

在处理蔬菜、水果、熟食、鱼类、肉类时，选择对应的分类案板，既能够保证卫生，又能够保证案板上没有异味残留，防止串味。

分类刀具

用不同的刀具处理不同的食材，生食和熟食使用的刀具要分开，能够保证凉菜制作的卫生。如果使用料理机，应注意将生食和熟食的料理杯分开，保持卫生。

沸水消毒

将做凉菜的熟制品（如豆制品）在开水中焯烫，然后在凉开水中过凉再使用。制作凉菜时使用的案板和刀具也需要在沸水中烫洗，杀灭细菌。拌凉菜用的容器用开水冲烫一分钟左右，杀灭细菌。

制作水果拼盘

🕐 20 分钟

材料

橙子 1 个

草莓 9 个

橘子 1 个

蓝莓若干

圣女果 1 个

做法

1 把水果洗干净。橙子切去两端，竖着切成四等份，每份都切片。

2 将草莓切掉蒂，对半切开。

3 橘子剥去皮，从中间两半。

4 用水果拼出喜欢的图案即可。

小贴士

水果富含维生素和矿物质，还有丰富的膳食纤维，做成拼盘，实现了饮食的多样化。

厨房劳动自我评价小清单

安全	刀具是否收好	是□ 否□
卫生	所有食材处理干净	是□ 否□
	垃圾分类	是□ 否□
成果	味道如何	☆☆☆☆☆
	外观如何	☆☆☆☆☆

亲子烹饪日记

我的烹饪心得：

....

....

父母评价：

....

....

凉拌黄瓜

⏰ 20 分钟

材料

黄瓜 2 根
盐少许
糖适量
蒜末适量
生抽 2 汤匙
香醋 2 汤匙
香油数滴

做法

❶ 洗净黄瓜，切掉头和尾，用擀面杖把黄瓜拍一拍，对半剖开，再切成小段，每一段可再竖着对半切开。

❷ 黄瓜条放入碗中，加 1 茶匙盐和 1 茶匙糖，拌匀，腌制 10 分钟。

❸ 做凉拌汁：碗中加入蒜末、生抽、香醋和香油，搅拌均匀。也可以加入适量辣椒碎。

❹ 腌制好的黄瓜倒掉多余水分，加入凉拌汁，搅拌均匀，凉拌黄瓜就做好了。也可加入香菜提味。

厨房劳动自我评价小清单			
安全	刀具是否收好	是☐	否☐
卫生	所有食材处理干净	是☐	否☐
	垃圾分类	是☐	否☐
成果	味道如何	☆☆☆☆☆	
	外观如何	☆☆☆☆☆	

亲子烹饪日记

我的烹饪心得：

_____

_____

父母评价：

_____

_____

大拌菜

⏰ 25分钟

材料

扫码观看
视频教程

胡萝卜半根｜西蓝花适量
苦苣适量｜紫甘蓝4片
圣女果5个｜白醋1汤匙
橄榄油1汤匙｜蜂蜜适量
黑胡椒粉、盐、油各少许

做法

❶ 将所有蔬菜都洗干净，沥干水分，西蓝花掰小朵，苦苣切段，紫甘蓝切丝，胡萝卜切片，切两半。

❷ 锅里烧开水，加入少许盐和油，把西蓝花和胡萝卜放到沸水中焯熟，沥干水分，放入沙拉碗。

❸ 把其余的蔬菜都放入沙拉碗。

❹ 加入白醋、橄榄油、适量蜂蜜、少许盐、少许黑胡椒粉拌匀即可。

小贴士

生吃蔬菜最好在清洗后再用淡盐水浸泡15分钟。

厨房劳动自我评价小清单

安全	刀具是否收好	是☐ 否☐
卫生	所有食材处理干净	是☐ 否☐
	垃圾分类	是☐ 否☐
成果	味道如何	☆☆☆☆☆
	外观如何	☆☆☆☆☆

亲子烹饪日记

我的烹饪心得：

....

....

父母评价：

....

....

拌彩虹沙拉

⏱ 25 分钟

扫码观看
视频教程

材料

圣女果 5~7 个
胡萝卜半根
玉米粒 1 小把
豌豆 1 小把
黄瓜小半根
紫甘蓝 1~2 片
面包片 1 片
沙拉汁适量

小贴士

沙拉汁脂肪含量高，有较
多的盐和糖，应适当少
放。面包片可以换成梨片
或苹果片。

做法

❶ 把所有蔬菜洗净，胡萝卜和黄瓜去皮、切丁，紫甘蓝切成小片，圣女果切成两半。

❷ 烧一锅开水，把胡萝卜丁、玉米粒和豌豆下到沸水中焯熟。

❸ 焯好后的食材过一下凉水，可以保持爽脆的口感和鲜艳的颜色，然后沥干水分。

4 将各种颜色的蔬菜如图摆成彩虹的形状。

5 把面包片剪成云朵形状，摆在彩虹的两端即可。

\小技巧/

圣女果对半切以后更容易摆盘，切的时候一定要注意安全，也可以不切开，整颗摆放。

\小知识/

豌豆和胡萝卜都含有丰富的维生素C和膳食纤维。胡萝卜中的胡萝卜素进入人体后可转化为维生素A，能够促进未成年人的生长发育。

厨房劳动自我评价小清单

安全	及时关闭燃气/家电	是□	否□
	刀具是否收好	是□	否□
卫生	所有食材处理干净	是□	否□
	垃圾分类	是□	否□
成果	味道如何	☆☆☆☆☆	
	外观如何	☆☆☆☆☆	

亲子烹饪日记

我的烹饪心得：

_____

_____

父母评价：

_____

_____

制作果汁与水果茶（一~四年级适用）

果汁和果茶不能代替新鲜水果的摄入，掌握一些冲泡果汁、果茶的技能，可以偶尔为之，点缀生活。

饮用果汁要注意

果蔬汁不宜空腹喝

不宜空腹喝果蔬汁，尤其不宜饭前大量喝果蔬汁，否则会影响进食正餐，并容易导致胃不舒服，也会影响食物的消化吸收。建议在两餐之间喝果蔬汁，或者先吃些主食，再饮用果蔬汁。

鲜榨果汁不宜加热

加热后的果汁，其中的维生素会被破坏，口感也不好。如果担心果汁太凉，可以将果汁放在温水中温一会儿，但不要太久。

榨完即喝，不宜久存

果汁要随榨随饮，避免其中的维生素被氧化。

水果茶的常用配料

绿茶

　　性凉，口感清新，汤色呈淡黄至淡绿，冲泡水温以 80~85℃ 为宜，温度过高会产生涩味。

红茶

　　性温，有回甘，汤色呈橙红色，较常见的品种有锡兰红茶、正山小种等，冲泡水温以 85℃ 左右为宜。

桂花

　　含有多种维生素和矿物质，香气持久。

茉莉花

　　含有多种维生素、矿物质等微量营养素，清香宜人。

调水果苏打水

⏰ 10分钟

扫码观看
视频教程

材料

草莓 3 个
橙子 1 个
猕猴桃 1 个
苏打水 1 罐

做法

1 洗干净所有水果，草莓切丁、橙子和猕猴桃分别去皮、切丁。

2 取一个高玻璃杯，从下到上分三层，依次放入猕猴桃丁、橙子丁、草莓丁。

3 向杯中倒入苏打水，好看又好喝的水果饮就做好了。也可以加一点薄荷叶做装饰。

厨房劳动自我评价小清单

安全	刀具是否收好	是□ 否□
卫生	所有食材处理干净	是□ 否□
	垃圾分类	是□ 否□
成果	味道如何	☆☆☆☆☆
	外观如何	☆☆☆☆☆

亲子烹饪日记

我的烹饪心得：

父母评价：

制西瓜气泡水

⏰ 10分钟

材料

西瓜 1 块
白桃味气泡水半杯

小技巧

西瓜本身水分很多，榨汁时无须另外加水。

做法

① 用勺子挖出西瓜瓤，如有挖球器，可挖几个西瓜瓤小球备用。

② 把西瓜瓤捣碎成汁，或者用榨汁机榨成汁。

③ 把西瓜球放入玻璃杯，倒入半杯西瓜汁，再加满白桃味气泡水，西瓜饮品就做好了。可以用薄荷叶或者迷迭香装饰。

厨房劳动自我评价小清单

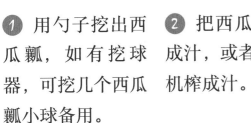

安全	及时关闭燃气/家电	是□ 否□
	刀具是否收好	是□ 否□
卫生	所有食材处理干净	是□ 否□
	垃圾分类	是□ 否□
成果	味道如何	☆☆☆☆☆
	外观如何	☆☆☆☆☆

亲子烹饪日记

我的烹饪心得：

_____

_____

父母评价：

_____

_____

煮西柚茉莉花茶

⏰ 20分钟

 材料

西柚半个｜茉莉花两小把
红茶包1个｜蜂蜜适量

\小技巧/

做好的花茶可以放入冰箱冷藏，制成冷饮，消暑解渴。也可以用养生壶的"花茶"模式煮水果茶哦。

做法

① 西柚剥皮，剥出果肉部分。

② 西柚果肉和茉莉花茶放入锅中，加入一矿泉水瓶的清水，水烧开后，小火煮10分钟。

③ 在锅中加入红茶包，1分钟后捞出。

③ 把煮好的西柚茉莉花茶倒入玻璃杯，加入蜂蜜拌匀，最后可以用一小片西柚装饰。

厨房劳动自我评价小清单			
安全	及时关闭燃气/家电	是☐	否☐
	刀具是否收好	是☐	否☐
卫生	所有食材处理干净	是☐	否☐
	垃圾分类	是☐	否☐
成果	味道如何	☆☆☆☆☆	
	外观如何	☆☆☆☆☆	

亲子烹饪日记

我的烹饪心得：

_____

_____

父母评价：

_____

_____

煮秋梨香橙花果茶

⏰ 15 分钟

扫码观看
视频教程

材料

梨 1 个
橙子 1 个
草莓 6 个
红茶包 1 个
冰糖或蜂蜜适量

做法

1 梨和橙子洗净，橙子不去皮，用盐搓洗干净。

2 橙子切成片，梨去皮，去核，切成小块。

3 把梨块和橙片放入锅中，加入清水和红茶包。

4 水烧开后转小火，煮 10 分钟。最后 3 分钟的时候加入草莓和冰糖，或者喝的时候加入蜂蜜调味。

厨房劳动自我评价小清单

安全	及时关闭燃气/家电	是☐ 否☐
	刀具是否收好	是☐ 否☐
卫生	所有食材处理干净	是☐ 否☐
	垃圾分类	是☐ 否☐
成果	味道如何	☆☆☆☆☆
	外观如何	☆☆☆☆☆

亲子烹饪日记

我的烹饪心得：

父母评价：

蒸炖煮任务（三、四年级适用）

蒸就是用水蒸气加热食物的烹饪方式，利用沸水产生的水蒸气穿透食物使食物变热、变熟。蒸菜清淡养胃，原汁原味，几乎是最能保留营养成分的烹调方法。蒸的时候，较少用到油和盐，方便制作少油少盐的菜品。

常见的蒸制工具

竹蒸笼

传统蒸笼由竹篾编成，一般和蒸笼布搭配使用，自然美观。缺点是竹篾接缝处不易清洗，如果存放环境通风不好，容易发霉。

不锈钢蒸笼和蒸屉

与底层的蒸锅配套使用，也可以单独购买，蒸屉还可以架在其他有盖子的锅中蒸制食物。不锈钢制品表面光滑，利于清洗和存放。

棉纱蒸笼布

蒸笼布用来垫在蒸屉上，上面放食物。采用棉纱制成的蒸笼布环保安全，每次用过之后需要清洗干净，晒干之后收起来。

不锈钢莲花蒸盘、蒸架

可以聚合散开，方便收纳，平时也可以用来沥干食材水分。

防烫夹

防烫夹能卡住餐具的边沿，用于从蒸锅中取出蒸盘或碗。使用时要注意安全，防止被蒸汽烫到手。

炖煮和煲汤食材选择

炖煮和煲汤应选择新鲜食材，无论是肉类、骨类还是蔬菜，越新鲜的食材，煮出来的味道越鲜美，也更容易被人体消化吸收。

煲汤注意事项

配水

食材与水的比例不同，汤的色泽、香气、味道也大不同。水量最好是食材量的 1.5 倍到 2 倍，即使是比较难炖煮的食材，用水量也不要超过食材的 3 倍。炖汤用的水尽量是冷水，一次性加足，炖煮过程中尽量不要加水，若必须加水时，尽量加热水，否则会使汤的口感大打折扣。

食材下锅时机

肉类食材一般都是冷水下锅，这样肉里的蛋白质和鲜味物质才能在加热过程中充分释放出来；有些食材易熟程度不同，这时一般先煮不易熟的，后放易熟的，可以保持汤品口感的一致性。

火候

　　煲汤时，先用大火将汤煮开，再转小火慢炖，可以让食材的营养全部释放在汤中，也能保持肉类中的水分不会全部流失，口感更佳。

炖煮时间

　　并不是煲得越久汤的营养越高。大多数汤以一两个小时为宜，棒骨类一般在 3 小时左右，特殊食材可根据实际情况适当延长炖汤时间，烹饪时应有人监看，以免熬干锅。入门煲汤可以从快速汤开始。

调味

　　煲汤时并不是加的调料越多汤的味道越好，调料太多会影响汤本身的味道，一般在家煲汤时放两三种调料就可以了，但一些快手汤、汤菜、甜汤例外。姜一般在最开始时和主食材一起加入锅中。盐最好在出锅前加入，因为盐放得太早会导致肉中的蛋白质凝固，影响汤的鲜味。

喝汤时间

　　饭前喝汤可以润养肠道，有助于食物的消化和吸收，同时让胃部感受充盈，可适当减少主食的摄入量，避免过度饮食。

煮白米饭

⏰ 40 分钟

扫码观看
视频教程

材料

大米 1 量杯（电饭煲配套）

小技巧

浸泡过的大米煮好后口感更好。如果喜欢口感绵软的米饭，可以稍微多加一点水。

做法

① 用清水淘洗大米一两次，在水中轻轻搅动大米即可。

② 用清水浸泡大米 10~20 分钟。米和水的比例通常为 1∶1。

③ 将大米和水一起倒入电饭煲，启动"煮饭"键。如果使用蒸锅，则在蒸锅水开上汽后转中火，蒸约 25 分钟。

厨房劳动自我评价小清单

安全	及时关闭燃气/家电	是□	否□
	刀具是否收好	是□	否□
卫生	所有食材处理干净	是□	否□
	垃圾分类	是□	否□
成果	完成效果	熟了□ 没熟□	
	味道如何	☆☆☆☆☆	
	外观如何	☆☆☆☆☆	

亲子烹饪日记

我的烹饪心得：

_____

_____

父母评价：

_____

_____

做饭团

⏱ 20分钟

材料

大米半量杯（电饭煲配套）
清水适量｜胡萝卜半根
豌豆两小把｜玉米粒两小把
火腿肠1根｜寿司醋少许

小知识

胡萝卜富含胡萝卜素、维生素、钙、铁等营养成分。

做法

1 米饭煮好后，打松，趁热将寿司醋均匀地淋在米饭上拌匀，不要用力压饭粒，尽量保持饭粒的完整。

2 玉米粒剥好，豌豆洗净，胡萝卜去皮，切小丁，火腿肠切碎。

3 把豌豆、玉米粒和胡萝卜丁用烧开的水焯熟，然后捞出，沥干水分备用。

4 把煮熟的豌豆、玉米粒、胡萝卜丁和碎火腿肠一起倒入米饭中，搅拌均匀。

5 取一张保鲜膜，中间加入一小团拌好的米饭。

6 借助保鲜膜把米饭裹紧，揉圆。

7 小心揭掉保鲜膜，用同样的方法把剩余的米饭都裹成饭团即可。可以用洗净的洋甘菊点缀。

小贴士

五彩蔬菜饭团应用了多种食材，相互搭配，颜色鲜艳且营养丰富，是不错的选择。

厨房劳动自我评价小清单

安全	及时关闭燃气/家电	是□ 否□
	刀具是否收好	是□ 否□
卫生	所有食材处理干净	是□ 否□
	垃圾分类	是□ 否□
成果	味道如何	☆☆☆☆☆
	外观如何	☆☆☆☆☆

亲子烹饪日记

我的烹饪心得：

父母评价：

加热包子

⏰ 25 分钟

扫码观看
视频教程

材料

凉的熟包子

小技巧

可观察锅盖边缘，如果有大量蒸汽迅速逸出，则可判断锅内水已烧开。

做法

1 在蒸锅或是其他有盖子的锅中加适量清水，架好蒸架或蒸屉。

2 将包子摆在盘中，放在蒸架或蒸屉上，盖好锅盖。

3 中火加热，待水沸腾后，继续蒸十五分钟即可。

厨房劳动自我评价小清单

安全	及时关闭燃气/家电	是□ 否□
卫生	所有食材处理干净	是□ 否□
	垃圾分类	是□ 否□
成果	完成效果	熟了□ 没熟□ 煳锅了□
	味道如何	☆☆☆☆☆
	外观如何	☆☆☆☆☆

亲子烹饪日记

我的烹饪心得：

....

....

父母评价：

....

....

包包子（拓展任务）

⏱ 15分钟

扫码观看
视频教程

材料

发酵的面团擀出的包子皮
拌好的包子馅

做法

① 左手托好包子皮，放入馅料。

② 右手大拇指和食指提住包子皮边沿，边向上拎，边向内折叠，形成一个褶皱。

③ 左手自然旋转包子皮，右手顺着一个方向，继续打褶、收口，注意不要让馅露出来。

④ 一圈褶皱完成，用手将中心的小口捏拢，一个包子就包好了。

厨房劳动自我评价小清单

卫生	所有食材处理干净	是□ 否□
	垃圾分类	是□ 否□

成果	完成效果	完整包好＿＿＿只包子
	味道如何	☆☆☆☆☆
	外观如何	☆☆☆☆☆

亲子烹饪日记

我的烹饪心得：

＿＿＿＿＿＿＿＿＿＿＿＿＿＿＿＿

＿＿＿＿＿＿＿＿＿＿＿＿＿＿＿＿

父母评价：

＿＿＿＿＿＿＿＿＿＿＿＿＿＿＿＿

＿＿＿＿＿＿＿＿＿＿＿＿＿＿＿＿

蒸鸡蛋羹

⏰ 30分钟

扫码观看
视频教程

材料

鸡蛋 3 个 | 盐适量
香油几滴

小知识

蒸鸡蛋羹中的蛋白质更利于人体吸收，儿童摄入足量的蛋白质有助于生长发育和增强免疫力。

做法

① 将 3 个鸡蛋打入碗中，用筷子或打蛋器打散成鸡蛋液，加入鸡蛋液 1.5 倍的清水和 1 茶匙盐，混合均匀。

② 将混合蛋液过筛，过滤掉蛋筋，撇去浮沫，蒸出的蛋羹更滑嫩。

③ 把蛋液倒入蒸碗中，在碗上盖好一层保鲜膜，用牙签扎一些小孔。

④ 把盖好保鲜膜的蛋液放入蒸锅蒸 10 分钟。滑嫩营养的鸡蛋羹就做好了。

厨房劳动自我评价小清单

安全	及时关闭燃气 / 家电	是□	否□
卫生	所有食材处理干净	是□	否□
	垃圾分类	是□	否□
成果	完成效果	熟了□ 没熟□ 糊锅了□	
	味道如何	☆☆☆☆☆	
	外观如何	☆☆☆☆☆	

亲子烹饪日记

我的烹饪心得：

....

....

父母评价：

....

....

蒸芋头

⏰ 30分钟

材料

荔浦芋头半个｜生抽1汤匙
蚝油1汤匙｜盐1茶匙
植物油1汤匙｜葱花适量

做法

① 把芋头去皮，切成块。

② 在芋头中加入1汤匙生抽、1汤匙蚝油、1茶匙盐、1汤匙植物油，搅拌均匀。

③ 蒸锅水烧开，把芋头放入蒸屉，蒸20分钟。

④ 出锅时撒上葱花，清甜的蒸芋头就做好了。

小贴士

蒸芋头时不加盐，吃的时候使用盐瓶撒盐，更加清淡健康。

厨房劳动自我评价小清单

安全	及时关闭燃气/家电	是□	否□
	刀具是否收好	是□	否□
卫生	所有食材处理干净	是□	否□
	垃圾分类	是□	否□
成果	完成效果	熟了□ 没熟□ 糊锅了□	
	味道如何	☆☆☆☆☆	
	外观如何	☆☆☆☆☆	

亲子烹饪日记

我的烹饪心得：

_____

_____

父母评价：

_____

_____

煮鸡蛋

⏰ 15 分钟

扫码观看
视频教程

材料

鸡蛋
盐 1 茶匙

做法

❶ 锅中加冷水，放盐，搅匀。

❷ 把鸡蛋外壳洗干净，放入锅中。

❸ 大火烧开水，转中小火，煮8分钟。

❹ 用勺子捞出鸡蛋，过一下凉水，就可以剥出白白嫩嫩的煮鸡蛋了。

厨房劳动自我评价小清单

安全	及时关闭燃气/家电	是☐	否☐
卫生	所有食材处理干净	是☐	否☐
	垃圾分类	是☐	否☐
成果	完成效果	熟了☐ 没熟☐	
	味道如何	☆☆☆☆☆	
	外观如何	☆☆☆☆☆	

亲子烹饪日记

我的烹饪心得：

父母评价：

煮白米粥

⏱ 45 分钟

扫码观看
视频教程

材料

大米 1 量杯（电饭煲配套）

\小技巧/

1. 煮粥的水要一次性加足，中途尽量不要加水，如果粥底实在太干，也要加入刚烧开的水。

2. 煮粥之前在大米中滴入一滴植物油，搅拌均匀，煮出的粥更加软糯。

3. 在煮粥的最后 10 分钟里打开锅盖，用勺子顺时针搅拌，避免水米分离，粥的口感会更加柔软黏稠。

做法

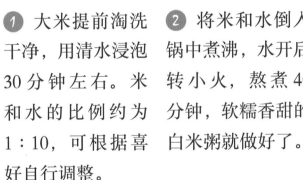

① 大米提前淘洗干净，用清水浸泡 30 分钟左右。米和水的比例约为 1：10，可根据喜好自行调整。

② 将米和水倒入锅中煮沸，水开后转小火，熬煮 40 分钟，软糯香甜的白米粥就做好了。

厨房劳动自我评价小清单

安全	及时关闭燃气/家电	是☐	否☐
卫生	所有食材处理干净	是☐	否☐
	垃圾分类	是☐	否☐
成果	完成效果	熟了☐ 没熟☐ 糊了☐	
	味道如何	☆☆☆☆☆	
	外观如何	☆☆☆☆☆	

亲子烹饪日记

我的烹饪心得：

父母评价：

煮八宝粥

⏰ 120 分钟

扫码观看
视频教程

材料

大米小半量杯（电饭煲配套）|糯米小半量杯|莲子约 30 颗|桂圆干 10 颗|红枣 10 颗|花生仁约 30 颗|红小豆两小把|枸杞子 1 小把|红糖或冰糖适量（不要放太多）

做法

① 糯米和红小豆提前洗净，浸泡 12 小时以上，所有食材淘洗干净。

② 将除白糖以外的所有食材放入锅中，加 1 升清水（约 2 瓶矿泉水的量）。

③ 大火烧开后，转小火熬煮 60~90 分钟，中间可用勺子轻轻搅动，防止糊锅。

④ 加入红糖或冰糖调味，八宝粥就做好了。

厨房劳动自我评价小清单

安全	及时关闭燃气/家电	是☐	否☐
卫生	所有食材处理干净	是☐	否☐
	垃圾分类	是☐	否☐
成果	完成效果	熟了☐没熟☐糊了☐	
	味道如何	☆☆☆☆☆	
	外观如何	☆☆☆☆☆	

亲子烹饪日记

我的烹饪心得：

....

....

父母评价：

....

....

煮水饺

⏰ 25 分钟

材料

包好的水饺或速冻水饺

小技巧

煮饺子之前在水中加一些盐，饺子不容易煮破。煮饺子全程大火。饺子下锅后，盖子可以留一点缝，防止水烧开后溢出。

做法

❶ 锅中烧开水，将饺子小心倒入锅中。

❷ 笊篱背面朝上，从锅边缘深入锅底，轻轻搅动两三次，盖上盖子，煮至水再次烧开。

❸ 向锅中加入一点凉水，不盖锅盖，煮至水再次烧开，纯素馅饺子即可出锅。

❹ 如果是肉馅饺子，再次向锅中加入凉水，煮至水烧开，再重复一次，至水烧开，即可关火，用笊篱盛出饺子，装盘。

厨房劳动自我评价小清单

安全	及时关闭燃气/家电	是□ 否□
卫生	所有食材处理干净	是□ 否□
	垃圾分类	是□ 否□
成果	完成效果	熟了□ 没熟□ 破了□
	味道如何	☆☆☆☆☆
	外观如何	☆☆☆☆☆

亲子烹饪日记

我的烹饪心得：

....

....

父母评价：

....

....

包饺子（拓展任务）

⏰ 20分钟

材料

擀好的饺子皮
拌好的饺子馅

做法

❶ 一只手托起饺子皮，盛一点馅料，放在饺子皮中心。

❷ 对折饺子皮，捏合中心部位。

❸ 两只手捏住左右开口的两边，往中间挤一下，捏拢，收紧。普通的锁边饺子就完成了。

厨房劳动自我评价小清单

卫生	所有食材处理干净	是☐ 否☐
	垃圾分类	是☐ 否☐

成果	完成效果	完整包好＿＿只饺子
	味道如何	☆☆☆☆☆
	外观如何	☆☆☆☆☆

亲子烹饪日记

我的烹饪心得：

＿＿＿＿＿＿＿＿＿＿＿＿＿＿＿＿

＿＿＿＿＿＿＿＿＿＿＿＿＿＿＿＿

父母评价：

＿＿＿＿＿＿＿＿＿＿＿＿＿＿＿＿

＿＿＿＿＿＿＿＿＿＿＿＿＿＿＿＿

包馄饨（拓展任务）

⏰ 20分钟

材料

馄饨皮 | 拌好的馅料

小技巧

从市场购买的馄饨皮有时不太容易捏紧，这时可以用手指蘸一点水，再捏紧馄饨皮。

扫码观看
视频教程

做法

① 一只手托着馄饨皮，盛一点馅料，放在馄饨皮中心。

② 从下向上卷起馄饨皮，裹住馅料。

③ 将左右两端的馄饨皮往中间收拢，捏紧，元宝馄饨便包好了。

小贴士

馄饨馅可以菜肉搭配，也是食物多样的好选择。

厨房劳动自我评价小清单

| 卫生 | 所有食材处理干净 | 是☐ 否☐ |
| | 垃圾分类 | 是☐ 否☐ |

成果	完成效果 完整包好＿＿＿只馄饨	
	味道如何	☆☆☆☆☆
	外观如何	☆☆☆☆☆

亲子烹饪日记

我的烹饪心得：

＿＿＿＿＿＿＿＿＿＿＿＿＿＿＿＿＿

父母评价：

＿＿＿＿＿＿＿＿＿＿＿＿＿＿＿＿＿

煮花生甜汤

⏰ 120 分钟

材料

小红枣 12 颗
红衣花生米 1 小把
红糖适量

做法

❶ 把红枣和花生米洗净，红枣去核，都用清水浸泡半小时以上。

❷ 把花生米和红枣放入锅中，加适量清水。

❸ 大火烧开后，转小火煮 40 分钟。

❹ 加入红糖，搅拌至红糖全部溶化，甜甜的红枣花生汤就做好了。

厨房劳动自我评价小清单

安全	及时关闭燃气 / 家电	是□	否□
	刀具是否收好	是□	否□
卫生	所有食材处理干净	是□	否□
	垃圾分类	是□	否□
成果	完成效果	熟了□ 没熟□ 糊了□	
	味道如何	☆☆☆☆☆	
	外观如何	☆☆☆☆☆	

亲子烹饪日记

我的烹饪心得：

父母评价：

煮银耳羹

⏰ 20 分钟

扫码观看
视频教程

材料

铁棍山药小半截｜红枣 5 颗｜银耳干 1 小块｜冰糖 1 小把｜枸杞子少许

小技巧

银耳提前泡发并撕碎，可以在熬煮时快速出胶，让银耳羹更浓稠，爽滑美味。

做法

1 把银耳提前 4 小时泡发，山药去皮，切小段。银耳撕碎。

2 锅中加适量清水，放入银耳，大火烧开转中火煮 40 分钟。

3 放入红枣和山药，继续煮40分钟。

4 最后放入枸杞子和冰糖，再煮 10 分钟，滋补的银耳羹就做好了。

厨房劳动自我评价小清单

安全	及时关闭燃气/家电	是□	否□
	刀具是否收好	是□	否□
卫生	所有食材处理干净	是□	否□
	垃圾分类	是□	否□
成果	完成效果	熟了□ 没熟□ 煳了□	
	味道如何	☆☆☆☆☆	
	外观如何	☆☆☆☆☆	

亲子烹饪日记

我的烹饪心得：

....

....

父母评价：

....

....

白菜炖豆腐

🕐 25 分钟

材料

大白菜半棵

北豆腐 1 块

大葱、姜、大蒜适量

生抽 1 汤匙

清水 1 碗

盐 1 茶匙

植物油 2 汤匙

小葱适量

做法

❶ 北豆腐切成小块。其他食材洗干净，大白菜撕成小块，大葱切成小段，姜、蒜切片，小葱切成葱花。

❷ 在炒锅里烧热油，倒入切好的葱段、姜片和蒜片，爆香。

❸ 倒入白菜，翻炒片刻，至白菜水分被炒出，变得半透明。

❹ 倒入豆腐块，稍微炒匀。

   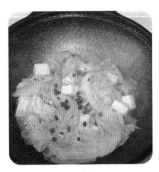

⑤ 在锅中加入 1 汤匙生抽。

⑥ 倒入 1 碗清水，再加 1 茶匙盐，稍微翻动均匀。

⑦ 盖上盖子炖煮约 8 分钟。

⑧ 揭开盖子，撒上小葱花，营养美味的白菜炖豆腐就能出锅了。

小知识

豆腐富含蛋白质，与牛奶相比，豆腐更适合乳糖不耐受的人群，还能为身体补充钙质。

厨房劳动自我评价小清单

安全	及时关闭燃气 / 家电	是□ 否□
	刀具是否收好	是□ 否□
卫生	所有食材处理干净	是□ 否□
	垃圾分类	是□ 否□
成果	完成效果	熟了□ 没熟□ 糊了□
	味道如何	☆☆☆☆☆
	外观如何	☆☆☆☆☆

亲子烹饪日记

我的烹饪心得：

....

....

父母评价：

....

....

煮排骨汤

⏲ 70 分钟

扫码观看
视频教程

材料

猪排骨 1 斤（切好的）
胡萝卜 1 根
玉米半根
山药 1 根
红枣 6 颗
枸杞子少许
小葱 3 根
生姜 6 片
料酒 1 汤匙
盐少许

做法

① 排骨洗净，冷水下锅，加入料酒和 3 片生姜去腥。水开后撇去血沫，捞出排骨用温水洗净，放入砂锅。

② 在砂锅中倒入开水，没过排骨，放入姜片和葱结，盖好盖子，用中小火炖煮 30 分钟。其间清洗其他食材。

③ 玉米切成小段；胡萝卜去皮、切块；山药去皮、斜切成段，泡在清水中。

④ 排骨炖煮30分钟后，加入胡萝卜、玉米和红枣，继续炖煮15分钟。再加入山药，炖煮10分钟，撒入枸杞子。

⑤ 关火，盖上锅盖闷5分钟。加适量盐调味，就可以喝到美味的排骨汤了。

小贴士

食物多样，菜肉混合，还加入了粗杂粮玉米和薯类山药，值得推荐。

厨房劳动自我评价小清单

安全	及时关闭燃气/家电	是□	否□
	刀具是否收好	是□	否□
卫生	所有食材处理干净	是□	否□
	垃圾分类	是□	否□
成果	完成效果	熟了□ 没熟□ 糊了□	
	味道如何	☆☆☆☆☆	
	外观如何	☆☆☆☆☆	

亲子烹饪日记

我的烹饪心得：

_____

_____

父母评价：

_____

_____

煮青菜鸡蛋汤面

🕐 30 分钟

材料

挂面 1 人份（六七根
铅笔粗）
青菜（菜心、油菜、
小白菜等）两三棵
鸡蛋 1 个
生抽 1 汤匙
葱花少许

做法

❶ 将水烧至冒泡
后关火，慢慢滑
入鸡蛋，盖闷 1 分
钟后，小火煮 5 分
钟，捞出。

❷ 另取一只汤
锅，加入足量水，
烧开，下入挂面，
煮熟。

❸ 煮面的过程
中，将青菜洗净，
大棵青菜可以切去
老根后对半剖开。

④ 取一只汤碗，放入生抽。

⑤ 挂面煮熟后，盛一勺面汤，倒入有调料的碗中，拌匀，再将煮好的挂面盛到碗中。

⑥ 用锅中剩余的水，快速将青菜烫熟。将菜心和鸡蛋摆在挂面上，撒上葱花，营养又好吃的青菜鸡蛋汤面就做好啦。

＼小技巧／

煮挂面时加入一点醋，可以中和面条中碱的味道，也可以保持面条的韧性，使面条更加爽滑，不易粘连。

厨房劳动自我评价小清单

安全	及时关闭燃气/家电	是□ 否□
	刀具是否收好	是□ 否□
卫生	所有食材处理干净	是□ 否□
	垃圾分类	是□ 否□
成果	完成效果	熟了□ 没熟□
	味道如何	☆☆☆☆☆
	外观如何	☆☆☆☆☆

亲子烹饪日记

我的烹饪心得：

....

....

父母评价：

....

....

白灼秋葵

🕐 10 分钟

基础款

材料

秋葵十几根
生抽1汤匙
盐少许

小技巧

用适当的盐把秋葵表面的绒毛搓掉，再用水反复清洗干净，即可清除掉秋葵表层的绒毛和污渍。

做法

❶ 秋葵洗净，刷掉表面绒毛，切掉蒂。

❷ 烧开一锅清水，下入秋葵，放少许盐，焯两三分钟。捞出秋葵，沥干水分。

❸ 装盘，淋上生抽，即可食用。

进阶款

做法

❶ 秋葵焯水，沥干水分，装盘待用。大蒜压成蒜末。

❷ 锅里热油，下蒜末爆香，再加入1汤匙生抽、1汤匙醋炒匀。

❸ 把炒好的酱料淋在码好的秋葵上，就可以端上桌了。

材料

秋葵十几根
大蒜 6 瓣
植物油适量
生抽 1 汤匙
醋 1 汤匙
盐少许

小贴士

如果切秋葵后出现手痒，这是因为皮肤接触秋葵的黏液过敏而导致的，如果皮肤出现裂口时，更容易出现刺痛反应。此时应尽快洗净双手，在手上抹醋，反复搓洗，过一会儿症状会渐渐消失。

厨房劳动自我评价小清单

安全	及时关闭燃气/家电	是□	否□
	刀具是否收好	是□	否□
卫生	所有食材处理干净	是□	否□
	垃圾分类	是□	否□
成果	完成效果	熟了□	没熟□
	味道如何	☆☆☆☆☆	
	外观如何	☆☆☆☆☆	

亲子烹饪日记

我的烹饪心得：

_____

_____

父母评价：

_____

煎炒任务（五年级以上适用）

《中国居民膳食指南（2022）》推荐，成年人及 11 岁以上的儿童每天摄入食盐不超过 5 克，烹调油摄入量控制在 25～30 克，7～11 岁儿童每天食盐摄入量不超过 4 克，烹调油摄入量控制在 20～25 克。煎炒食物用油量相对较多，我们在煎炒的过程中应注意少盐少油，养成轻淡饮食的健康好习惯。

健康用油炒好菜

不同食用油的脂肪酸组成差异很大，采购食用油时应注意常换品种。在选用食用油时要注意以下三个标准。

1. 尽量选有品质保障的食用油

植物油富含不饱和脂肪酸，有益于血管健康，但也不可以用量过多。常用植物油包括大豆油、玉米油、葵花籽油、菜籽油等。挑选有质量安全标志、符合国家规定安全生产的油类。

2. 观察油的颜色及透明度

高品质的油应清澈透明、无沉淀、无分层，黏度较小，一级油颜色最浅。

3. 选用小包装的油品，便于经常更换品种，同时避免一桶油因打开时间过久而变质。

低温烹饪

低温烹调有利于健康。在油烟没有明显产生时放入食材，可以迅速降低油温，避免油温过高而出烟。

吸油的菜提前处理

茄子这类菜比较吸油，可以提前蒸一下，或者用平底锅干煸一下，待其变软后再下油锅炒制。

用新油烹饪

不要用煎炸过食物的油炒菜。使用过的油中混有杂质，再加热时易产生对人体有害的物质。

煎荷包蛋

扫码观看
视频教程

材料

鸡蛋
植物油适量
盐少许
生抽少许

做法

① 小火烧热煎锅，倒入少许油，加一点盐。

② 在锅中磕入1个鸡蛋，小火煎可以使鸡蛋受热均匀。

③ 鸡蛋一面定型后，翻个面，煎熟另一面。

④ 鸡蛋盛到盘中，淋上少许生抽就可以了。撒一点葱花，味道会更好。

厨房劳动自我评价小清单

安全	及时关闭燃气/家电	是□ 否□
	刀具是否收好	是□ 否□
卫生	所有食材处理干净	是□ 否□
	垃圾分类	是□ 否□
成果	完成效果	熟了□ 没熟□ 糊了□
	味道如何	☆☆☆☆☆
	外观如何	☆☆☆☆☆

亲子烹饪日记

我的烹饪心得：

....

....

父母评价：

....

....

蛋煎馒头片

⏱ 20分钟

扫码观看
视频教程

基础材料

馒头 1 个
鸡蛋 2 个
盐少许
植物油适量

装饰材料

火腿肠 1 根
海苔片少许

基础做法

① 馒头切片，每片大约 1 厘米厚。

② 2 个鸡蛋打散，加少许盐，拌匀，把馒头片放入蛋液中，两面都裹上鸡蛋液。

③ 煎锅中刷一层油，烧热后放入馒头片，小火煎至两面金黄，蛋煎馒头片就做好了。

装饰

装饰做法

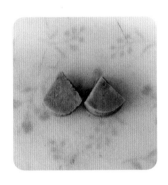

④ 把火腿肠切下几片，再切成如图的小扇形，做小猪的耳朵。

⑤ 把火腿肠斜着切下几片，切面呈椭圆形，用吸管或筷子戳出两个小洞，作为小猪的鼻子。

⑥ 把切好的"耳朵"和"鼻子"在馒头片上摆好，用海苔剪出小猪的"眼睛"，摆出表情，黄金小猪馒头片就做好了。

小贴士
可以将火腿肠换成蒸胡萝卜。

厨房劳动自我评价小清单

安全	及时关闭燃气/家电	是□	否□
	刀具是否收好	是□	否□
卫生	所有食材处理干净	是□	否□
	垃圾分类	是□	否□
成果	完成效果	熟了□ 没熟□ 糊了□	
	味道如何	☆☆☆☆☆	
	外观如何	☆☆☆☆☆	

亲子烹饪日记

我的烹饪心得：

....

....

父母评价：

....

....

用饺子皮做葱油饼

⏰ 15分钟

扫码观看
视频教程

材料

饺子皮 10 张 | 盐少许
葱花适量 | 植物油适量

\小技巧/

用包饺子剩下的饺子
皮，又可以做一顿美味
的早餐了。

做法

❶ 在饺子皮上刷一层油，撒些盐，铺一层葱花，盖上一张饺子皮，重复3次。

❷ 盖上第五张饺子皮。

❸ 用擀面杖把5层饺子皮擀薄。一共做两张这样的饼。

❹ 在煎锅里刷一层油，把擀好的饼放进去，煎至两面金黄，小葱油饼就可以吃了。

厨房劳动自我评价小清单

安全	及时关闭燃气/家电	是□	否□
	刀具是否收好	是□	否□
卫生	所有食材处理干净	是□	否□
	垃圾分类	是□	否□
成果	完成效果	熟了□ 没熟□ 糊了□	
	味道如何	☆☆☆☆☆	
	外观如何	☆☆☆☆☆	

亲子烹饪日记

我的烹饪心得：

....

....

父母评价：

....

....

蛋炒饭

⏰ 20分钟

材料

鸡蛋2个｜米饭1碗｜盐适量｜葱花适量｜植物油适量

╲小技巧╱

用凉米饭做蛋炒饭效果更好，炒米饭时可用铲子压碎结块的米饭，注意安全。

做法

❶ 打散鸡蛋。

❷ 炒锅中烧热油，倒入鸡蛋液，蛋液稍微凝固后开始滑炒。

❸ 鸡蛋炒碎后，向锅中倒入米饭，翻炒均匀。

❹ 撒盐，翻炒均匀，再撒上葱花，翻炒几下，金灿灿的蛋炒饭就做好了。

厨房劳动自我评价小清单

安全	及时关闭燃气/家电	是□ 否□
	刀具是否收好	是□ 否□
卫生	所有食材处理干净	是□ 否□
	垃圾分类	是□ 否□
成果	完成效果	熟了□ 没熟□ 糊了□
	味道如何	☆☆☆☆☆
	外观如何	☆☆☆☆☆

亲子烹饪日记

我的烹饪心得：

....

....

父母评价：

....

....

西红柿炒鸡蛋

⏰ 20分钟

扫码观看
视频教程

材料

西红柿 1 个
鸡蛋 2 个
小葱适量
植物油适量
盐 1 茶匙
糖 1 茶匙

做法

① 西红柿洗净，切成小块，小葱切成葱花。

② 鸡蛋打散，加少许盐。

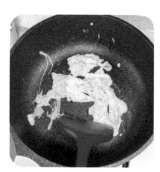

③ 炒锅中烧热油，倒入鸡蛋，用铲子一边推一边炒，炒成块状后盛出。

④ 将西红柿块下入锅中翻炒。

⑤ 倒入炒好的鸡蛋，加入适量清水，翻炒出汁。

⑥ 加 1 茶匙盐和 1 茶匙糖，翻炒均匀，撒上葱花，色、香、味俱全的西红柿炒鸡蛋就可以出锅了。

\小技巧/

西红柿剥皮之后更容易炒出汁。将西红柿蒂朝下放置在碗中，在顶端用刀划开十字，浇上热水，可以轻易剥掉皮，注意不要烫到手。

厨房劳动自我评价小清单

安全	及时关闭燃气/家电	是☐ 否☐
	刀具是否收好	是☐ 否☐
卫生	所有食材处理干净	是☐ 否☐
	垃圾分类	是☐ 否☐
成果	完成效果	熟了☐ 没熟☐ 煳了☐
	味道如何	☆☆☆☆☆
	外观如何	☆☆☆☆☆

亲子烹饪日记

我的烹饪心得：

....

....

父母评价：

....

....

西蓝花炒虾仁

⏰ 20分钟

材料

西蓝花 2 个拳头大小
虾仁 20 只｜生姜 1 小截
大蒜 3 瓣｜盐少许
植物油适量｜料酒 1 汤匙

小知识

西蓝花中含有丰富的维生素 C 和胡萝卜素。

做法

小贴士

《中国居民膳食指 南（2022）》推荐 1 周有两次以上的水产品摄入。

❶ 虾仁解冻。西蓝花洗净，切成小朵。生姜和大蒜分别切片。

❷ 在虾仁里加一部分姜片，撒少许盐，再加 1 汤匙料酒，可以去腥，拌匀后腌制片刻。

❸ 烧开一锅水，倒入西蓝花，焯 1 分钟左右，捞出，可以用凉水过凉，捞出，沥水。

④ 在炒锅中烧热油，转小火，倒入蒜片和姜片，爆香。

⑤ 加入虾仁，转大火翻炒，至虾仁变色。

⑥ 倒入西蓝花，大火翻炒2分钟，最后加入适量盐，翻炒调味，就可以出锅了。

\小技巧/

1. 将西蓝花放在盐水里浸泡几分钟，可以去除菜虫，还能去除残留的农药。

2. 西蓝花焯水的时间不宜太长，为减少营养损失，不鼓励多次过水，可省去过凉水的步骤。

3. 如果使用鲜虾，则需要去壳去头，剪开虾背，剔除虾线，再洗净。

厨房劳动自我评价小清单

安全	及时关闭燃气/家电	是☐	否☐
	刀具是否收好	是☐	否☐
卫生	所有食材处理干净	是☐	否☐
	垃圾分类	是☐	否☐
成果	完成效果	熟了☐ 没熟☐ 糊了☐	
	味道如何	☆☆☆☆☆	
	外观如何	☆☆☆☆☆	

亲子烹饪日记

我的烹饪心得：

_____

_____

父母评价：

_____

_____

芹菜炒腐竹

⏰ 15 分钟

材料

芹菜 3 根

干腐竹 2 根

大蒜 2 瓣

姜 3 片

生抽 1 汤匙

蚝油 1 汤匙

植物油适量

小贴士

腐竹由大豆加工而成，富含蛋白质和钙，是合理膳食搭配的良好选择。

做法

1 干腐竹用温水浸泡 1 小时，切成菱形。芹菜洗净，切段，大蒜切成片。

2 烧开一锅水，倒入芹菜段，焯 1 分钟，捞出，在凉水中浸一下，捞出备用。

3 在炒锅里烧热油，倒入姜蒜片，爆香。

④ 倒入腐竹，炒熟。　⑤ 加入芹菜，翻炒　⑥ 加入生抽、蚝
　　　　　　　　　　　均匀。　　　　　　　　油，炒1分钟即可
　　　　　　　　　　　　　　　　　　　　　　出锅。

\小知识/

芹菜含有丰富的维生素
和磷、铁、钙等矿物
质，此外还含有丰富的
膳食纤维，有助于肠道
健康。

\小技巧/

生抽和蚝油盐分含量较
高，因此无须额外放盐。
芹菜焯水后再过凉开水，
会更加翠绿爽口。

厨房劳动自我评价小清单

安全	及时关闭燃气／家电	是□　否□
	刀具是否收好	是□　否□
卫生	所有食材处理干净	是□　否□
	垃圾分类	是□　否□
成果	完成效果	熟了□ 没熟□ 糊了□
	味道如何	☆☆☆☆☆
	外观如何	☆☆☆☆☆

亲子烹饪日记

我的烹饪心得：

_____

_____

父母评价：

_____

_____

西红柿炒白菜

⏱ 20 分钟

扫码观看
视频教程

材料

大白菜半棵

西红柿 2 个

大蒜 2 瓣

小葱 2 根

生抽 1 汤匙

蚝油 1 汤匙

盐少许

鸡精 1 茶匙

植物油适量

做法

❶ 在西红柿表面划出"十"字刀口，下沸水焯烫一会儿，把皮剥掉。

❷ 将剥皮后的西红柿切成小块，白菜洗净，撕成小块，小葱切成葱花，大蒜切成蒜末。

❸ 炒锅中烧热油，倒入蒜末，爆香。

❹ 锅里倒入西红柿块，快速翻炒出汁。

5 向锅中加入白菜，加半碗清水，盖上锅盖，直到白菜煮软。

6 加1汤匙生抽、1汤匙蚝油、1茶匙盐、1茶匙鸡精，翻拌均匀。

7 撒上葱花，酸甜下饭的西红柿炒白菜就可以出锅了。

小知识

大白菜属于十字花科植物，是我国的传统蔬菜。西红柿和白菜的维生素C含量丰富，西红柿中的有机酸还能减少维生素C在烹饪中的氧化。

厨房劳动自我评价小清单

安全	及时关闭燃气/家电	是□ 否□
	刀具是否收好	是□ 否□
卫生	所有食材处理干净	是□ 否□
	垃圾分类	是□ 否□
成果	完成效果	熟了□ 没熟□ 糊了□
	味道如何	☆☆☆☆☆
	外观如何	☆☆☆☆☆

亲子烹饪日记

我的烹饪心得：

父母评价：

胡萝卜炒茭白

⏰ 10 分钟

材料

茭白 3 个
胡萝卜半根
大蒜 2 瓣
蚝油 1 汤匙
生抽 2 汤匙
植物油适量
黑胡椒碎适量

做法

① 茭白和胡萝卜洗净，去皮，都切成菱形片。大蒜剥皮，切成蒜末。

② 在炒锅中倒入一些植物油，倒入蒜末，爆香。

③ 倒入胡萝卜片，用中小火翻炒片刻，炒至金黄色。

④ 再下入茭白片，炒至变软。

⑤ 加入 1 汤匙蚝油、2 汤匙生抽，翻炒均匀。

⑥ 撒入黑胡椒碎（可用研磨瓶）即可。

小贴士

推荐午餐、晚餐至少有一道纯素菜，有助于全日蔬菜摄入总量达到 300～500 克。

小技巧

炒胡萝卜和茭白的过程中都没有加水，要用中小火慢炒，才不容易炒焦。

厨房劳动自我评价小清单

安全	及时关闭燃气/家电	是□ 否□
	刀具是否收好	是□ 否□
卫生	所有食材处理干净	是□ 否□
	垃圾分类	是□ 否□
成果	完成效果	熟了□ 没熟□ 糊了□
	味道如何	☆☆☆☆☆
	外观如何	☆☆☆☆☆

亲子烹饪日记

我的烹饪心得：

_____

_____

父母评价：

_____

蒜蓉炒小白菜

⏰ 6分钟

材料

小白菜两把
生姜2片
大蒜1颗
香葱2根
淀粉2汤匙
白胡椒粉少许
鸡精半茶匙
盐1茶匙
植物油适量

做法

❶ 将小白菜一片片择好，然后反复洗净泥沙，沥水待用。

❷ 生姜和大蒜去皮、洗净，分别切成末。

❸ 香葱洗净，切成葱粒；淀粉加适量清水调开待用。

❹ 在炒锅内倒入适量油，烧至七成热，放入姜末和蒜末爆香。

⑤ 然后放入洗净的小白菜，大火快炒，至小白菜稍软，颜色变得深绿。

⑥ 接着倒入调好的水淀粉，翻炒均匀，为小白菜勾一层薄芡。

⑦ 再倒入白胡椒粉、鸡精和盐翻炒均匀。

⑧ 撒入葱粒，翻炒均匀，健康营养的蒜蓉小白菜就做好了。

＼小知识／

绿叶蔬菜能提供丰富的维生素和矿物质，小白菜是绿叶菜中的佼佼者，可以经常选用。

＼小技巧／

用刀背将蒜瓣拍扁，就能轻松撕掉大蒜皮了，拍的时候一定要注意安全。

厨房劳动自我评价小清单

安全	及时关闭燃气／家电	是□ 否□
	刀具是否收好	是□ 否□
卫生	所有食材处理干净	是□ 否□
	垃圾分类	是□ 否□
成果	完成效果	熟了□ 没熟□ 糊了□
	味道如何	☆☆☆☆☆
	外观如何	☆☆☆☆☆

亲子烹饪日记

我的烹饪心得：

_____

_____

父母评价：

_____

_____

蒜蓉炒丝瓜

⏰ 20 分钟

扫码观看
视频教程

材料

丝瓜 2 根
大蒜 3 瓣
盐 1 茶匙
鸡精少许
植物油适量

做法

❶ 丝瓜洗净、削皮，去掉头尾，切成块。

❷ 在切好的丝瓜上撒 1 茶匙盐，抓拌均匀。

❸ 抓拌好的丝瓜腌制一会儿。

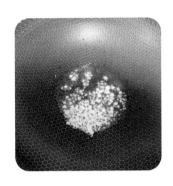  

④ 大蒜切成末。炒锅中放油，烧热，倒入蒜末，爆香。

⑤ 改小火，倒入丝瓜块，翻炒。

⑥ 烧至丝瓜的汤汁溢出，瓜肉软糯。加入少许鸡精，炒匀即可。

小知识

丝瓜含有丰富的维生素、矿物质和膳食纤维。

厨房劳动自我评价小清单

安全	及时关闭燃气 / 家电	是□ 否□
	刀具是否收好	是□ 否□
卫生	所有食材处理干净	是□ 否□
	垃圾分类	是□ 否□
成果	完成效果	熟了□ 没熟□ 糊了□
	味道如何	☆☆☆☆☆
	外观如何	☆☆☆☆☆

亲子烹饪日记

我的烹饪心得：

父母评价：

后记

厨房——伴你成长

当我们来到这个世界，迎接我们的最完美的食物是母乳。当我们逐渐长大，我们开始认知更多的食物，也开始越来越体会到食物的美好。进入学龄阶段，好奇的我们，大多都会对制作食物有了"初体验"。如果回忆第一次学做饭的场景，我们都有一大堆可以分享的"出错小插曲"：打鸡蛋会溅得到处都是，菜刀在手却瑟瑟发抖，边上是唠叨不停的家长……

我童年的很多美好记忆都与做饭有关。由于父母工作繁忙，我不到十岁就学会了简单的炒菜、熬粥，常常做好饭等父母回家。我还常常约小伙伴来家里一起做饭，嬉闹之间，制作出几道不够美观却吃起来津津有味的菜肴。如今，我八岁的女儿，俨然一副"小厨童"的样子，常常踩着小凳子，尝试着自己的"拿手小菜"，我和爱人在旁指导她怎么切块、如何翻炒，虽然担心她烫着、伤着自己，心里却是暖融融的。

和我们当初一样，我们的孩子，同样也在体验劳动带来的快乐，经历着成长的蜕变。我们的孩子，在失败和鼓励中习得建立信心的能力，收获体验食物制作的幸福感，表达对家人的情感，获得热爱生活的勇气。

愿每一个孩子，都能在有爱的厨房里收获成长。

作为一名营养健康教育工作者，我深感有责任帮助中小学生更好地完成烹饪劳动实践，并在这个过程中形成平衡膳食、均衡营养的理念，让《中国居民膳食指南（2022）》的核心信息落实到孩子们的"一粥一饭"上。

希望我们编写的《劳动实践：烹饪与营养》，可以帮助孩子们在烹饪劳动的实践中了解不同食物的特点，学习食物搭配，保证营养均衡，为将来一生的健康打下良好的基础。

愿每一个孩子，都能在有爱的厨房里体验幸福。

中国营养学会　姚魁